Validación de pruebas diagnósticas

DR. JOSÉ SUPO

Médico Bioestadístico

www.bioestadistico.com

Validación de pruebas diagnósticas – Aplicaciones de la medición a la Investigación Clínica

Primera edición: Enero del 2015

Editado e Impreso por BIOESTADISTICO EIRL
Av. Los Alpes 818. Jorge Chávez, Paucarpata, Arequipa, Perú.

Hecho el depósito legal en la Biblioteca Nacional del Perú.

N ° 2015-00007

ISBN: 1505895987
ISBN-13: 978-1505895988

DEDICATORIA

A los investigadores, que aportan al conocimiento y a la construcción del método investigativo...

A los que pretenden con la ciencia mejorar el mundo.

CONTENIDO

Presentación N° 1

Qué es una prueba diagnóstica

La pregunta que te debe surgir en este momento es ¿qué diferencia hay entre un instrumento de medición que habitualmente utilizamos en investigación científica y una prueba diagnóstica, que dicho sea de paso también la usamos en la investigación clínica?

En primer lugar, una prueba diagnóstica puede ser un instrumento de medición o un algoritmo conformado por un conjunto de instrumentos, que pueden ser documentales o mecánicos.

Un instrumento documental como un test para diagnosticar la depresión es ya una prueba diagnóstica. Un instrumento mecánico como el tensiómetro es ya una prueba diagnóstica porque sirve para diagnosticar la hipertensión.

En otros casos, las pruebas diagnósticas vienen a ser una combinación tanto de instrumentos mecánicos como documentales, incluso de procedimientos que no incluyen instrumentos.

Ahora veamos cuál es el concepto exacto de una prueba diagnóstica y por qué realizamos estos procedimientos cuando desarrollamos la práctica clínica.

Se llama prueba diagnóstica a cualquier procedimiento de diferente complejidad que busque determinar en un paciente la presencia de una condición, que habitualmente es patológica, por ejemplo, la enfermedad. Así, diagnosticamos a la diabetes, a la hipertensión y a la obesidad; pero los diagnósticos no siempre son negativos, no siempre son patológicos.

Así, podemos mencionar al diagnóstico del embarazo, donde la condición que buscamos encontrar, el resultado, no es una condición negativa, no es algo por lo que la paciente deba preocuparse, sino más bien es una condición deseada.

Sin embargo, muchos de los conceptos relacionados a pruebas diagnósticas están dirigidos a detectar condiciones patológicas, condiciones indeseables, situaciones negativas; por lo tanto, en el contexto de esta presentación vamos a hacer referencia a ese tipo de diagnósticos.

En otros campos como por ejemplo en la educación, un diagnóstico nos puede permitir diferenciar a los alumnos que estudiaron, y que por lo tanto saldrán aprobados en la evaluación, de los alumnos que no lo hicieron, los cuales saldrán desaprobados.

La lógica que aplicamos para los procedimientos diagnósticos en el campo de la educación son los mismos de los cuestionamientos que nos planteamos en el campo de las ciencias de la salud; de tal modo que todo lo que vamos a mencionar a continuación es válido, en realidad, para cualquier campo del conocimiento; incluso en la administración, cuando tratamos de diferenciar o de discriminar a los clientes satisfechos de los clientes insatisfechos.

La finalidad de una prueba diagnóstica es poder diferenciar, poder segregar o separar a la población, fundamentalmente, en dos grupos: aquellos que tienen la condición que buscamos mediante este procedimiento y aquellos que no lo tienen.

En términos sencillos diríamos: aquellos que tienen la enfermedad respecto de aquellos que no la tienen. Si bien es cierto que muchos procedimientos diagnósticos nos permiten evaluar el grado de severidad de un padecimiento.

Por ejemplo, cuando hablamos de la depresión podemos hablar de depresión leve, moderada y severa. Esto es posible de realizar por un procedimiento diagnostico; sin embargo, muchas de las teorías, como nuevamente vamos a replicar, están orientadas a los diagnósticos dicotómicos con y sin enfermedad, con y sin las condición que pretendemos evaluar.

Una prueba diagnóstica puede estar constituida, en el campo de la salud, por una historia clínica, complementarse con un examen físico y algunas pruebas de laboratorio. Estas últimas pueden incluir instrumentos de medición, pero también los podemos encontrar en el examen físico. A veces se incluyen también estudios de imagen y otras pruebas que puedan ayudarnos a identificar la presencia de una enfermedad en un paciente.

La finalidad de aplicar un procedimiento diagnóstico es tomar una decisión a partir del resultado que obtengamos. De hecho, solo deben realizarse cuando sirven para modificar el manejo de un problema, de una condición o de un paciente.

Si vamos a aplicar un procedimiento diagnóstico a un paciente y no le vamos a dar tratamiento; entonces, no tiene ningún sentido aplicárselo, es decir, que si vamos a realizar todo este proceso de diagnóstico para una persona será solo en el caso en el que de resultar positivo tengamos la disposición de suministrar un tratamiento que modifique la historia natural de la enfermedad, solo en esos casos se aplican las pruebas diagnósticas.

Entonces, cuando hacemos el diagnostico de una enfermedad un resultado positivo nos ayuda a tomar la decisión de dar un tratamiento, y un resultado negativo nos indicará que el paciente no necesita tratamiento. Esa es la conducta que tomamos después de llegar al diagnóstico.

Si nos trasladamos al campo del educación, a partir de una evaluación que le realizamos a los estudiantes, quienes resultarán aprobados o desaprobados, nuestra conducta será para los aprobados que pasen al siguiente nivel y para los desaprobados tendremos que hacerlos replicar la asignatura que no han conseguido aprobar.

Si nos vamos al campo administrativo podemos diferenciar mediante un procedimiento a los clientes satisfechos de los clientes insatisfechos. Entonces, a los clientes satisfechos les podemos ofrecer productos adicionales incluso de mayor costo mientras que a los clientes insatisfechos tendremos que buscar la razón por la cual ocurrió esta situación y tratar de resarcir el servicio incompleto, el servicio inadecuado que se le brindó en cada caso.

Por lo tanto, hay una conducta después del diagnóstico ya sea en el campo del conocimiento en el que nos encontremos, ya sea en el campo de la salud, en el de la educación o en el de la administración.

Una prueba diagnóstica no es sinónimo de un instrumento de medición; por ejemplo, un tensiómetro es un instrumento de medición que sirve para medir la presión arterial y a partir del resultado que encontremos podemos hacer el diagnóstico de hipertensión, pero para tomar la presión arterial hay ciertos requisitos, ciertos elementos o características que debemos cumplir; por ejemplo, que la presión arterial sea tomada por la mañana, que sea tomada en ambos brazos y que se saque un valor promedio de ambas mediciones y si se van a realizar dos mediciones entre una medición y otra debe haber 15 minutos de espacio.

Del mismo modo antes de tomar la primera medición el paciente debe haber estado con 15 minutos de reposo; además, hay una serie de características adicionales que se encuentran en los libros de exploración física del paciente. La prueba diagnóstica es todo este conjunto de procedimientos, por eso, decimos que un instrumento de medición como el tensiómetro no es sinónimo de una prueba diagnóstica.

La prueba diagnóstica implica el uso del instrumento de medición pero, además, requiere de una serie de condiciones y requisitos sobre los cuales se tiene que aplicar este instrumento; por lo tanto, el concepto de prueba diagnóstica envuelve, circunscribe, engloba al concepto de instrumento de medición y no solo eso, sino que una prueba diagnóstica puede contar con más de un instrumento de medición, que puede ser documental, mecánico.

Incluso un procedimiento diagnóstico podría incluir a un instrumento mecánico y también a un instrumento documental, es decir, a una combinación de instrumentos; pero, además de eso, incluye una serie de condiciones y de procesos que el evaluador debe conocer y cumplir para que el procedimiento diagnóstico sea llevado a cabo correctamente y para que la toma de decisiones a partir de este resultado tenga la menor cantidad de error posible. Solo así, cumpliendo todos estos procesos, podemos considerarlo como una prueba diagnóstica o un procedimiento diagnóstico.

Presentación N° 2

Prueba de tamizaje y de diagnóstico

Cuando hablamos de diagnóstico nos imaginamos varios procedimientos o varios métodos de diagnósticos, incluso cuando se trata de la misma condición.

Si el ejemplo que queremos utilizar para hablar de diagnóstico es una enfermedad como la diabetes, la hipertensión o la obesidad existen varios métodos para llegar a la misma conclusión; de hecho, en muchas especialidades existen diferentes corrientes o escuelas que tienen algoritmos diagnósticos distintos. Esto es lo común.

Para una misma enfermedad existen varios métodos diagnósticos, pero alguno de ellos siempre suele ser considerado el diagnóstico definitivo el *Gold Standard,* el estándar de oro o el patrón de oro; sea cual fuere el nombre que le coloquemos a este procedimiento, es aquel que nos da el diagnóstico de certeza.

Cuando hablamos de diagnóstico de certeza hay que colocar esta palabra entre comillas, porque nunca conocemos realmente el verdadero diagnóstico de una persona.

Esto es inalcanzable y utópico; sin embargo, para cuestiones de la práctica clínica, para el cotidiano actuar, siempre tendremos que considerar a alguno de estos procedimientos como el estándar de oro, el patrón de oro, el referente, y este método es el que nos da el diagnóstico definitivo para poder tomar las decisiones de las cuales habíamos comentado en la presentación anterior.

Estos procedimientos definitivos suelen ser muy costosos, además de tomar mucho tiempo y en ocasiones incluso pueden ser cruentos. Por ejemplo, para evaluar la presión arterial de una persona habría que hacer un cateterismo y colocar una sonda hasta el ventrículo izquierdo, y a partir de este dispositivo calcular exactamente el valor de la presión arterial tanto en sístole como en diástole.

Como te podrás imaginar, el cateterismo hasta el ventrículo izquierdo del corazón no es un procedimiento que sea popular tanto en los médicos como en los pacientes, porque es un procedimiento cruento, riesgoso, podría surgir alguna infección a partir de este procedimiento; además, es costoso porque requiere de indumentaria específica para realizarlo.

Por esta razón, a la presión arterial, en el campo clínico, la evaluamos con un tensiómetro, ya sea de mercurio o aneroide, el cual se insufla con un manguito y va presionando el antebrazo para ver cuál es el valor de la presión arterial.

A estos tensiómetros les denominamos pruebas de tamizaje, pruebas de *Screening*, pruebas de despistaje, porque no son los procedimientos que nos llevan a desarrollar un diagnóstico definitivo, que vendría a ser la medición de la presión arterial mediante el cateterismo.

Este binomio entre la prueba de tamizaje y el diagnóstico definitivo lo encontramos en todo el campo clínico; por ejemplo, las mujeres que se encuentran en edad fértil y que tienen una vida sexual activa deben realizarse una Prueba de Papanicolaou para descartar el cáncer cervical.

Esta es una prueba de *screening*, de tamizaje, despistaje, cribaje, según algunos autores; pero cuando el resultado del Papanicolaou es positivo, no se le da un tratamiento directamente a esta paciente sino que se le debe someter a un contraste, a una segunda prueba.

Se debe verificar que realmente exista la patología. En otras palabras, el resultado positivo de la prueba de tamizaje no es más que una alerta, un indicador, una señal, de que debemos realizar un procedimiento diagnóstico mucho más profundo, que consiste en realizar un examen de anatomía patológica mediante una biopsia. A este procedimiento sí lo podemos considerar el *gold standard*, el diagnóstico definitivo, el patrón de oro o diagnóstico de certeza.

A partir del resultado del examen de anatomía patológica recién se toma la conducta de dar o no dar tratamiento a la paciente. Por supuesto, si el examen de Papanicolaou resultó positivo y el examen de atonía patológica resultó negativo, llegamos a la conclusión de que no tiene cáncer; pero debemos hacer un seguimiento. La conducta es expectante, sin embargo, no hay un tratamiento.

Esto es totalmente distinto respecto del caso en que el diagnóstico por anatomía patológica fuera positivo. Tenemos el par de pruebas: la prueba de tamizaje y el diagnóstico definitivo. Por lo tanto, le damos el tratamiento correspondiente.

Ahora coloquemos un ejemplo adicional: para hacer el diagnóstico de cáncer de próstata en los varones, sobre todo la población mayor de 40 años, también se hace una prueba de *screening*, que consiste en evaluar el nivel del antígeno prostático específico.

Este lleva el nombre de específico porque la síntesis de esta sustancia es exclusiva de la próstata, no se produce en ningún otro órgano de la anatomía; y como es lógico si la próstata está aumentada de volumen, también lo estará dicha sustancia.

Existe una relación directa entre el tamaño de la próstata y el antígeno prostático específico; por lo tanto, una próstata grande se puede detectar de manera indirecta midiendo el volumen del antígeno prostático específico. El valor normal para esta sustancia se considera por debajo de 4 ng/ml.

Cuando está por encima de este umbral, se considera a un paciente de riesgo, lo podemos considerar como positivo; pero como se trata únicamente de una prueba de screening, tamizaje, despistaje o cribaje, debemos cerciorarnos de que realmente tiene cáncer de próstata. Para eso debemos realizar el diagnóstico definitivo, que en este caso también es un examen de anatomía patológica que lo realizamos mediante una biopsia prostática.

Por supuesto, este examen se realiza solo en los casos en que el primer resultado es positivo, porque una biopsia tomada con una aguja lógicamente no tiene mucha popularidad entre los varones.

Aquí tenemos otra vez el binomio entre la prueba de tamizaje, que viene a ser el dosaje del antígeno prostático específico; y el diagnóstico definitivo, que viene a ser la evaluación de la anatomía patológica, un examen tomado mediante una biopsia.

La distancia que existe entre la prueba de *screening* o tamizaje respecto del diagnóstico definitivo o el diagnóstico de certeza se le denomina validez de criterio, porque se considera que la primera prueba pretende acercarse a la segunda, a la del diagnóstico definitivo.

Teniendo en cuenta que las pruebas tamizaje se aplican a la población se denominan pruebas poblacionales; en cambio, las pruebas de diagnóstico definitivo se realizan solamente en los casos de sospecha.

Una prueba definitiva es generalmente cruenta, costosa y toma mucho tiempo. Esa es la razón por la que existen las pruebas de despistaje: son más rápidas, habitualmente involucran la toma de una muestra de sangre cuando más y, por tanto, pueden aplicarse a toda la población.

Esa es su ventaja principal y, por eso, existen estas pruebas que no tienen el mismo valor discriminante que el diagnóstico definitivo o el *gold standard*.

La diferencia fundamental entre estas dos pruebas es el valor discriminante. Recuerda que la finalidad de un diagnóstico es que podamos separar, escindir, segregar, diferenciar a aquellos que tienen la enfermedad respecto de los que no tienen la enfermedad, y esto es mucho más certero cuando hacemos el diagnóstico definitivo, y tiene mucho más error cuando hacemos la prueba de tamizaje.

Una de las cuestiones que a partir de ahora nos van a preocupar es cuán discriminante es la prueba que estoy utilizando. A esto nos referimos con el tema de la validación de pruebas diagnósticas.

Si realizamos todos los procedimientos de la validación de instrumentos al algoritmo de las pruebas diagnósticas, diremos que nuestro procedimiento es más discriminante.

Presentación N° 3

Prevalencia e incidencia

Son dos conceptos que tenemos que dominar si queremos evaluar las pruebas diagnósticas con la finalidad de lograr su mejor eficiencia.

¿Por qué el concepto de prevalencia está relacionado al de prueba diagnóstica? Porque el objetivo primordial del diagnóstico es establecer la prevalencia de la enfermedad; es decir, ¿para qué querría yo poder diferenciar entre aquellos que tienen la enfermedad y aquellos que no?

Vamos a suponer que tengo 100 personas, de las que sospecho que algunas tienen determinada enfermedad, y como es lógico el resto no la tendrá. Entonces, necesito un procedimiento que permita detectar cuáles de estas personas sí tienen la enfermedad.

Vamos a suponer que de estas personas 10 tienen la enfermedad, esto lo hemos podido calcular gracias a que contamos con un procedimiento diagnóstico; es decir, hemos podido diferenciar a los que tienen la enfermedad respecto de los que no la tienen gracias a un algoritmo diagnóstico, a un procedimiento diagnóstico o a una prueba diagnóstica, que para efectos de esta presentación vamos a considerar lo mismo.

Entonces, el primer paciente o la primera persona tiene la enfermedad, la segunda no, la tercera tampoco y así vamos evaluando a estas 100 personas de uno en uno para luego a hacer un conteo final.

Cuando terminamos llegamos a la conclusión de que 10 de estas 100 personas sí tienen la enfermedad; por lo tanto, la primera analítica que voy a obtener a partir de este conteo es la proporción de personas enfermas en el grupo de estudio, el segmento de personas con diagnóstico positivo de todos los evaluados.

A esto se le denomina prevalencia, la proporción de la población evaluada que tiene un diagnóstico ya sea de enfermedad o de cualquier otra condición. Es una medida poblacional y siempre debe apuntar a evaluar a toda la población, aunque en la mayoría de los casos evaluar a toda población es utópico, porque en una población de un millón de habitantes no podríamos evaluar a todos; entonces, se calcula a partir de una muestra.

Si en una determinada ciudad hay un millón de habitantes y quiero calcular la prevalencia de diabetes en esta población, tendría que hacer un millón de dosajes de glucosa en ayunas; y aunque cada dosaje me costará un dólar, tendría que invertir un millón de dólares. Esto es realmente inaudito, por eso, es que el cálculo de la prevalencia lo realizamos mediante una muestra.

Vamos a suponer que la muestra que he calculado corresponde al tamaño de 400 individuos, de estos, 40 tienen un diagnóstico positivo. Es decir, el 10%, por lo tanto, la prevalencia de la enfermedad de la diabetes para esta población sería del 10%.

La conclusión del 10% la he obtenido a partir de la muestra; no la he obtenido a partir del estudio de la población. La muestra solo es una estrategia para conocer lo que está ocurriendo en la población, esperamos que lo que ocurre en la muestra ocurrirá también en la población. Por supuesto, para que esto suceda la muestra tiene que haber sido obtenida mediante procesos aleatorios; es decir, tiene que ser una muestra representativa.

Aun así existen condiciones que van a hacer que mi cálculo no sea exacto. Si tenemos una población de un millón de habitantes y tomo una muestra de 400 personas para calcular la prevalencia de la enfermedad de la diabetes; y tú tomas una muestra de 400 personas que no son las mismas que yo he tomado, pero sí corresponden a la misma población, vas a obtener también un valor de prevalencia que no necesariamente es exactamente igual al mío; pero sí será un valor cercano por cuanto estamos estudiando a la misma población.

Es decir, si yo obtuve un 10%, probablemente tú obtengas un 10.25% o tal vez un 9.75%, pero eso sí un valor bastante cercano. Esto ocurre porque existen variaciones aleatorias en la población, denominado error aleatorio, por esta razón, cuando presentamos el valor de la prevalencia de una enfermedad tenemos que presentar también sus intervalos de confianza. No basta con que comunique que la prevalencia de la enfermedad de la diabetes en mi población es del 10%, sino que además tendré que decir ±2%.

Esto implica que la prevalencia estaría entre 8 y 12%, porque este 2 que corresponde al ± debe sumarse y debe restarse del valor central que es el 10%. Por supuesto, este intervalo de confianza —que en el ejemplo es de 8 a 12— será mucho más amplio si el tamaño de la muestra es más pequeño; y el intervalo de confianza será mucho más restringido, más angosto, más corto, si el tamaño de la muestra es mayor.

En ambos casos la muestra tiene que ser completamente aleatoria para que estas leyes se puedan cumplir, de tal modo que el tamaño de la muestra sirve para determinar la amplitud del intervalo de confianza con el cual queremos trabajar.

Por esta razón, cuando desarrollamos el cálculo del tamaño de la muestra incluimos un nivel de significancia que lo representamos por la letra α, esto corresponde a la variabilidad que habría en la estimación de la prevalencia que estamos realizando.

La prevalencia de la enfermedad o de la condición que estamos buscando calcular está relacionada con un concepto muy similar: la incidencia.

Aunque la incidencia no está muy relacionada con las pruebas diagnósticas suele confundirse con mucha frecuencia con el concepto de prevalencia, dado que ambos términos hacen referencia a la frecuencia de la enfermedad.

Las medidas de frecuencia de la enfermedad son prevalencia e incidencia. La prevalencia es un concepto a tener muy en cuenta cuando hablamos de pruebas diagnósticas. Vamos a ver cómo en lo que quedan de nuestras presentaciones este concepto está involucrado con las propiedades de un procedimiento diagnóstico; mientras que la incidencia no, por ser la velocidad con la que se producen los casos.

La prevalencia sería una evaluación estática de la población. Si tenemos una población de 100 personas y 10 de ellas tienen un determinado padecimiento, la prevalencia es del 10%; en cambio, la incidencia hace referencia a cuántos casos ocurrieron durante un periodo de tiempo, que en epidemiología, administración y en el campo de las ciencias de la educación habitualmente es de un año.

Así que son conceptos genéricos que vamos a utilizar. ¿Cuántos de estos diabéticos, hemos calculado 10, son producidos o se han producido en el último año? Esa es la pregunta que nos hacemos.

Vamos a suponer que de estos 10 diabéticos, 5 han sido diagnosticados este año y 5 ya tenían diabetes el año pasado. Esto quiere decir que se producen 5 casos por año. Por lo tanto, la incidencia sería del 5%, porque son cinco casos nuevos cada año.

Desde el punto de vista epidemiológico, este concepto es muy importante porque nos permite estar alertas, sobre todo para enfermedades agudas. En cambio, el concepto de prevalencia, desde el punto de vista epidemiológico, es un concepto muy importante para las enfermedades crónicas.

Desde el punto de vista investigativo, la prevalencia hace referencia a un diseño de investigación, porque es un estudio observacional, retrospectivo, transversal y descriptivo; mientras que la incidencia, que también es un diseño de investigación, es un estudio observacional, prospectivo, longitudinal y descriptivo.

La diferencia entre ambos está en lo prospectivo y en lo longitudinal, porque para calcular la incidencia se hacen mediciones, seguimiento a la población que no tenía la enfermedad para ver en qué momento ocurre y calcular la velocidad con la que aparecen los casos nuevos.

Desde el punto de vista de la validación de pruebas diagnósticas, el concepto de prevalencia, proporción de la población que está afectada por una determinada enfermedad, es el que va a aparecer con más frecuencia.

Presentación N° 4

Sensibilidad y Especificidad

Son dos conceptos muy utilizados en la validación de pruebas diagnósticas y también en la validación de instrumentos, si entendemos que un instrumento es parte de una prueba diagnóstica, es un elemento constitutivo de ella.

Cuando pensamos en desarrollar un diagnóstico pensamos en diferenciar a un enfermo de un sano, si queremos ponerlo en términos sencillos.

Por supuesto, en otros campos del conocimiento como la educación queremos diferenciar a los alumnos aprobados de los desaprobados, y en el campo de la administración queremos diferenciar al cliente satisfecho del insatisfecho, pero los conceptos o la lógica que voy explicar aquí es exactamente la misma para cualquier campo.

Vamos a referirnos específicamente al de sano/enfermo. Cuando aplicamos una prueba diagnóstica queremos diferenciar a estos dos grupos; pero como no existe una prueba diagnóstica 100% certera —dijimos que el diagnóstico certero al 100% es inalcanzable, esto no se puede lograr, es como querer alcanzar la verdad y la verdad es inalcanzable—, siempre vamos a cometer errores, es decir, que dentro del grupo calificado como enfermo algunos no tienen la enfermedad; esto es un error tipo I, así lo denominamos en probabilidad y dentro del grupo que hemos considerado como sano.

Debido a la evaluación que hemos hecho con nuestro método diagnóstico también vamos encontrar errores, habrán algunos que siendo calificados como sanos sí tienen la enfermedad, y esto en probabilidad lo denominamos error tipo II. Esto va a ocurrir siempre, siempre van a ocurrir el error tipo I y el error tipo II, pero esperamos que estos errores sean de la menor magnitud posible.

Por otro lado, como esto no es una presentación sobre probabilidad, sino sobre pruebas diagnósticas, no vamos a utilizar los conceptos de error tipo I ni error tipo II.

Por el contrario, vamos a hacer referencia a los conceptos de sensibilidad y especificidad; si bien son dos términos que surgen en el campo de la epidemiología también pueden ser perfectamente utilizados en otros campos del conocimiento.

Ahora imaginemos que tenemos 100 pacientes diabéticos. Estos han sido seleccionados por ellos mismos, ellos reconocen que tienen la enfermedad porque previamente han tenido un diagnóstico, incluso un seguimiento; es decir, ellos saben que son diabéticos y nosotros a manera de prueba vamos a "probar" las pruebas diagnósticas, vamos a evaluarlas.

Supongamos una evaluación de glucosa en ayunas. Desarrollamos todo el procedimiento para tomar una muestra de sangre y calcular cuál es el valor de la glucosa en ayunas para estos 100 pacientes, que ellos mismos saben que son diabéticos.

Como recordarás la glucosa en ayunas no debe superar los 110 mg/dl. Una persona normal que no tiene diabetes amanece con una glucosa de 80, 90 y hasta 100, pero nunca por encima de 110 mg/dl. Cuando este valor está por encima de este umbral, la prueba se considera positiva y esta persona podría potencialmente tener diabetes.

Les aplicamos este procedimiento a 100 diabéticos, 100 personas que ellos mismos se reconocen como tales y vamos a ver que en nuestro test de glucosa en ayunas no todos resultan positivos. Esto es así porque dijimos no existe procedimiento diagnóstico que sea 100% certero.

Vamos a suponer que de estas 100 personas diabéticas reconocidas por ellos mismos como tal, 98 tienen un nivel de glucosa en ayunas por encima de 110 mg/dl. Es decir que nuestro procedimiento ha sido capaz de detectar como positivos únicamente a 98 de 100, al 98%. A esto se le denomina sensibilidad.

La sensibilidad es la proporción de personas que teniendo la enfermedad resultaron positivos luego de la aplicación del procedimiento diagnóstico.

En nuestro ejemplo, donde habíamos conseguido 100 personas diabéticas reconocidas por ellas mismas, 98 resultaron positivos a nuestra evaluación, entonces, estos pacientes que tienen un resultado positivo se les considera verdaderos porque realmente tienen la enfermedad; los pacientes mismos reconocieron tener esta condición.

Pero ¿qué sucede en los otros dos casos? Hemos encontrado que el resultado de la prueba era negativo, el valor de la glucosa en ayunas estaba por debajo 110 mg/dl. Esto no es verdad porque dijimos que todos los pacientes se reconocían a sí mismos como diabéticos, ¿cómo es posible que dos de ellos resultaran como negativos frente a nuestra evaluación?

Entonces, no son verdaderos negativos. El resultado de su evaluación fue negativo, pero tienen la enfermedad, en consecuencia, son falsos negativos, y en probabilidad los conocemos como error tipo I.

Ahora trasladémonos a otro escenario ideal donde buscamos y encontramos 100 personas que no tienen diabetes.

Les hemos sometido a una serie de procedimientos, métodos, evaluaciones, seguimientos y llegamos a la conclusión de que no tienen diabetes; hemos conseguido 100 personas que, estamos completamente seguros de que no tienen diabetes, y les vamos a aplicar el mismo procedimiento; es decir, les vamos a aplicar una evaluación de glucosa en ayunas.

Si ninguna de estas 100 personas tiene diabetes deberíamos encontrar un resultado negativo en el 100% de los casos, pero dijimos que esto no se puede obtener. Entonces, a estas 100 personas les tomamos una muestra de sangre, medimos la glucosa en ayunas.

El resultado: 90 de ellas amanecen con una glucosa por debajo de 110, ya sea 100, 90, incluso 80; pero 10 de estas personas, por las razones que fueran y no porque tengan diabetes, amanecieron con una glucosa con un valor superior a 110; digamos que han cenado muy tarde, se fueron a una fiesta, comieron un pastel, un chocolate, se despertaron a medianoche y comieron una galleta bañada en chocolate o la razón que te imagines; el hecho es que al día siguiente tienen una glucosa por encima de 110, pero no son diabéticos.

Si la finalidad de una prueba es poder separar a los enfermos de los sanos, y en este grupo todos están sanos, esperábamos que el 100% resultara negativo ante nuestra evaluación; pero solamente el 90% resultó negativo.

La prueba debería poder detectar realmente a los sanos porque todo el grupo estaba sano, pero solo se encontró un 90% de negativos. A eso se le denomina especificidad: la proporción de personas sanas que resultaron negativos cuando se les aplicó el test.

También podríamos considerar que estás 90 personas son verdaderos negativos, porque el resultado de la prueba es negativo y sabemos que están sanos; por lo tanto, son verdaderos negativos.

Y ¿qué pasa con los otros diez, los que resultaron positivos, pero no tienen la enfermedad? Se les considera como falsos positivos; en probabilidad a esto se le denomina error tipo II.

Por supuesto, a los conceptos de sensibilidad y especificidad podemos imaginárnoslos como si estuviesen en una balanza de dos platillos —si uno sube; el otro, baja—.

Esto ocurre con la sensibilidad y la especificidad: si tú incrementas o mueves el umbral para tener un mejor nivel de sensibilidad, lo que harás es disminuir los valores de especificidad; y si lo que pretendes es incrementar el valor de la especificidad moviendo el umbral de tu prueba diagnóstica, lo que vas a conseguir es que la sensibilidad disminuya. Por lo tanto, habrá que determinar el umbral de una prueba diagnóstica en función a estos dos conceptos.

Presentación N° 5

Valores predictivos

Cuando hablamos de la sensibilidad y la especificidad partimos de una premisa: podemos conocer con certeza quiénes están enfermos y quienes no; pero a su vez dijimos que esto es realmente inalcanzable porque tener esa certeza es como tener la certeza de la verdad, y esta es inalcanzable.

Por esta razón, los conceptos de sensibilidad y especificidad son complementados por los conceptos de valor predictivo positivo y valor predictivo negativo, de los cuales hablaremos a continuación.

Cuando un paciente se somete a una prueba diagnóstica, supongamos el test de glucosa: una persona mayor de 35 años se apersona al consultorio médico, se sospecha de la condición de la diabetes y se le toma un test de glucosa en ayunas; o no necesariamente sospecha, puede ser una prueba de rutina, una prueba prequirúrgica o tener la indicación que prefieras, simplemente se le toma un test de glucosa.

Supongamos que este paciente eres tú y que cuando te tomas el test encuentras que tu glucosa en ayunas es 115 mg/dl, lógicamente te nace una preocupación natural porque este valor está incrementado. El resultado de la prueba es positivo y lo primero que te preguntas después de ver este resultado en el informe de laboratorio es ¿realmente tendré la enfermedad?

Todas las personas que han obtenido un resultado por encima de 110mg/dl de glucosa en ayunas se hacen esta pregunta; es decir, es un interés propio del paciente. La persona dice: Si mi glucosa en ayunas está elevada, ¿qué probabilidad tengo de estar realmente enfermo?

Esta pregunta se la comunica al médico, le dice: Mi test ha resultado positivo, pero yo sé que a veces este test resulta positivo en pacientes sanos, claro que tengo un alto riesgo de tener la enfermedad de la diabetes porque el valor ha sido alto. Entonces, ¿cuál es la probabilidad de que realmente tenga diabetes?

A esta probabilidad se le conoce como valor predictivo positivo. Por supuesto, todos tenemos un grado de probabilidad de padecer diabetes o de enfermarnos de diabetes en algún momento de nuestra vida.

Si la prevalencia de la enfermedad en mi población es del 10%, la probabilidad de que yo tenga diabetes es del 10%; pero si me acabo de tomar una prueba de glucosa en ayunas y resulta por encima de 110, entonces, la probabilidad de que tenga diabetes es mucho más alta del 10% porque mi resultado es positivo, aunque todavía tengo la esperanza de que el resultado del test haya sido un falso positivo. Existe la probabilidad de que esté sano pero esa probabilidad es muy baja.

Por otro lado ¿qué pasaría si luego de evaluarme mediante la glucosa en ayunas encuentro que mi valor de glucosa es de 90 mg/dl? ¿Esto realmente me asegura no tener la enfermedad? ¿Esto me da la certeza y seguridad de que realmente estoy sano?

Debemos tener en cuenta que como todo test la evaluación de glucosa en ayunas también podría darme un resultado negativo, cuando en realidad sí estoy enfermo; así que aquí también podría plantearme una pregunta: Si el resultado de mí test de glucosa en ayunas es negativo ¿qué probabilidad existe de que no tenga la enfermedad?

Por supuesto, esta probabilidad debe ser alta y a esto se le conoce como valor predictivo negativo, la probabilidad de que teniendo un resultado negativo realmente me encuentre sano, es decir, que no tenga la enfermedad.

El cálculo del valor predictivo negativo para muchos puede resultar innecesario o, por lo menos, puede parecerles un cálculo innecesario.

Vamos a ver que no es así; si nos trasladamos a otro ejemplo y queremos hacer el diagnóstico de la tuberculosis, hay personas que tienen síntomas, antecedentes, que tienen placas radiográficas sugerentes de tuberculosis y les realizamos una prueba de BK en esputo.

Es decir, buscamos el bacilo de Koch en esputo. Y luego de una búsqueda exhaustiva, no lo encontramos. El resultado de la prueba de BK es negativo. ¿Podríamos realmente decir que esa persona no tiene tuberculosis? Esto es realmente inaudito, porque sabemos que a muchas personas con tuberculosis el resultado de su prueba de BK suele ser negativo. Así que no es una condición innecesaria de evaluar.

El valor predictivo negativo es algo que debemos conocer. Veamos otro ejemplo: una persona tiene una cardiopatía y esta le produce un soplo al corazón, pero este soplo al corazón se expresa únicamente cuando la persona realiza un esfuerzo físico; cuando la persona está en reposo no es posible detectarlo, incluso si el esfuerzo físico que realiza es muy leve tampoco se puede detectar, entonces, cuando hacemos una evaluación clínica de esta persona y no podemos percibir el soplo que estamos buscando, no significa que esta persona esté sana, significa que no podemos detectar aquella condición que estamos buscando.

En estos dos últimos ejemplos el valor predictivo negativo es muy bajo, porque la probabilidad de que una persona con resultado negativo esté realmente sana es muy baja.

Para diferenciar los conceptos de sensibilidad y especificidad, de los conceptos de valor predictivo positivo y valor predictivo negativo nos vamos a imaginar una tabla de contingencia de 2x2, que es la más sencilla que existe: tiene dos columnas y dos filas.

Columnas: en la columna de la izquierda colocamos a los enfermos; y en la columna de la derecha, a los sanos; siempre debemos colocarlos en ese orden porque se trata de un orden convencional.

Filas: en la fila superior vamos a colocar a los que tienen el resultado del test positivo; y en la fila inferior, a los que tienen el resultado del test negativo.

¿Cómo podemos ubicar los conceptos que hemos mencionado hasta ahora en esta tabla de contingencia? Es muy simple, tanto la sensibilidad como la especificidad se evalúan en las columnas. La sensibilidad se evalúa en la columna de la izquierda, en la columna de los enfermos; y la especificidad, en la segunda columna, en la columna de la derecha, la columna de los sanos.

Por otro lado, los valores predictivos se evalúan en las filas. En la fila superior o primera fila se evalúa el valor predictivo positivo; y en la segunda fila, el valor predictivo negativo.

Tal como existe una convención para colocar en columnas a los enfermos y sanos, y en filas a los positivos y negativos, también existe una convención para nombrar a las casillas de esta tabla de 2x2.

Se enumeran del 1 al 4 comenzando de la fila superior a la izquierda; la casilla de la derecha superior sería el número 2; la casilla inferior izquierda el 3, y la casilla inferior derecha sería el 4. Otros prefieren utilizar a letras a, b, c y d en el mismo orden.

1	2
3	4

a	b
c	d

Tanto la sensibilidad como el valor predictivo positivo se calculan a partir de la casilla 1, denominado también como A. La especificidad y el valor predictivo negativo se calculan a partir de la casilla 4, denominada también con la letra D; pero la sensibilidad se calcula a partir de la columna: la casilla 1 entre el total de la columna de la izquierda $(1/(1+3))$; y el valor predictivo positivo es la casilla uno entre el total de la primera fila $(1/(1+2))$.

Por otro lado, la especificidad se calcula a partir de la casilla 4, es decir, la casilla 4 entre el total de la columna de la derecha, que es la columna de los enfermos $(4/(2+4))$; y el valor predictivo negativo también se calcula a partir de la columna 4, pero sobre el total de la fila 2 o de la fila inferior $(4/(3+4))$.

A continuación veremos cómo la prevalencia de la enfermedad influye sobre los valores predictivos.

Presentación N° 6

Utilidad del teorema de Bayes

¿Qué relación tiene un teorema de probabilidad condicional con las propiedades de una prueba diagnóstica como la sensibilidad y la especificidad, el valor predictivo positivo y valor predictivo negativo?

Todas estas propiedades deben ser calculadas idealmente en un estudio poblacional, digo idealmente porque si una población tiene un millón de habitantes tendríamos que hacer un millón de medidas.

Si lo que estamos evaluando es una prueba diagnóstica como la medida de la glucosa en ayunas, que sirve para detectar la enfermedad de la diabetes, tendríamos que hacer un millón de medidas para la glucosa en ayunas, esto realmente es inalcanzable.

Por esta razón, cuando se trata de evaluar una prueba diagnóstica, utilizamos una muestra de la población, que debe tener dos condiciones: un tamaño y un método de selección.

El tamaño se calcula mediante un algoritmo. Supongamos que hemos calculado 400 personas, enseguida tenemos que escoger un método de selección. El método ideal es el muestreo aleatorio simple, entonces, hacemos las 400 mediciones de glucosa en ayunas a 400 personas. Algunas personas resultarán positivas y otras negativas, porque esta es la finalidad del método diagnóstico, por eso, lo aplicamos porque sospechamos que hay personas positivas en la población.

En el campo de la educación aplicamos métodos diagnósticos para diferenciar a los alumnos que estudiaron de los que no lo hicieron, y poder calificarlos como aprobados o desaprobados. Aplicamos el instrumento, la prueba, para poder separar a la población.

Entonces, si la prevalencia de la enfermedad de la diabetes en nuestro ejemplo es del 10%, esperamos que de 400 personas, 40 resulten positivas para el test, y las otras 360 personas resulten negativas. Esto es de esperarse; pero ¿qué pasaría si la prevalencia de la enfermedad es menor del 1% como sucede en el caso de la enfermedad del VIH sida? La prevalencia de esta enfermedad es menor al 1%, eso quiere decir que si conseguimos aleatoriamente a 400 personas, menos de cuatro van a resultar positivas para el test que estemos aplicando; menos de cuatro significa una o dos personas, incluso ninguna podría resultar positiva.

Si ninguna de las 400 personas evaluadas resulta positiva para la enfermedad de VIH sida ¿cómo es posible calcular el valor predictivo positivo? Recordemos que el valor predictivo positivo es la probabilidad de padecer una enfermedad cuando el resultado del test salió positivo; pero a ninguno les resultó positivo, entonces, no podemos calcular ninguna probabilidad.

Y del mismo modo, si no podemos calcular al valor predictivo positivo, tampoco podremos calcular el valor predictivo negativo. Esto también nos va a ocurrir para los términos de sensibilidad y especificidad, porque la sensibilidad es la capacidad de una prueba diagnóstica de detectar la enfermedad cuando realmente existe; pero si la prevalencia de la enfermedad es tan baja como en el ejemplo señalado, por debajo del 1%, entonces, no podemos calcular la sensibilidad y lo mismo se aplicará para la especificidad.

Así que cuando se trata de enfermedades con prevalencia baja, tenemos un serio problema: no vamos encontrar enfermos y lo más probable es que tampoco encontremos casos positivos detectados con el test que estamos evaluando.

Por lo tanto, utilizamos un artificio: buscamos 100 diabéticos y 100 no diabéticos; y si lo que estamos evaluando es la hipertensión, buscamos 100 personas con hipertensión y 100 personas sin hipertensión; o si lo que estamos evaluando es la enfermedad VIH sida, buscamos 100 personas que tienen la enfermedad y 100 personas que no la tienen.

Buscar a las personas que sí tienen la enfermedad es realmente el trabajo que tenemos que realizar, porque conseguir a los que no la tienen es mucho más fácil, sobre todo cuando la prevalencia de la enfermedad es bastante baja.

Aquí se presenta también un segundo problema: si yo tengo 100 diabéticos y 100 no diabéticos, no puedo calcular la prevalencia de la enfermedad, porque artificialmente estaría incrementando la prevalencia al 50%.

Si tengo 100 hipertensos y 100 no hipertensos, según esos datos la prevalencia de hipertensión sería del 50%; pero esto es falso porque deliberadamente he buscado 100 hipertensos para contrastarlos con 100 no hipertensos; lo mismo ocurriría con la enfermedad del VIH sida, deliberadamente e ido en búsqueda de 100 personas con la enfermedad para contrastarlas con 100 personas que no la tienen.

Por lo tanto, esta estrategia no sirve para calcular la prevalencia de la enfermedad —en buena cuenta no tendría por qué servir para eso—, recuerda: todo trabajo de investigación tiene solamente un objetivo específico.

En este caso, cuando desarrollamos un trabajo de investigación sobre validación de pruebas diagnósticas, el objetivo específico es evaluar las propiedades de la prueba diagnóstica; no, calcular la prevalencia de la enfermedad, sobre todo si estamos tratando de diagnosticar esa enfermedad con un método diagnóstico que recién estamos proponiendo. Así que no seamos ilusos de querer calcular la prevalencia de la enfermedad en este estudio en particular. La prevalencia de la enfermedad tendrá que calcularse en otro estudio y utilizar ese dato para nuestro trabajo.

Entonces, dicho de otro modo hemos incrementado la prevalencia, sea cual fuere la enfermedad, artificialmente hasta el 50%. Casi ninguna enfermedad tiene una prevalencia tan alta ni siquiera la diabetes ni las enfermedades más endémicas tienen una prevalencia del 50%; pero al haber elegido 100 enfermos y 100 sanos se está elevando artificialmente la prevalencia al 50%.

¿Qué sucede cuando hacemos esto sobre la sensibilidad y la especificidad? No sucede absolutamente nada, pero sí van a suceder muchas cosas con el valor predictivo positivo y el valor predictivo negativo.

Veamos, comencemos por la sensibilidad, la capacidad de detectar la enfermedad en la población que realmente está enferma, y como quiera que hayamos conseguido 100 enfermos pues el cálculo de la sensibilidad es posible.

Ahora, la especificidad es la probabilidad de diagnosticar como sanos o de detectar como negativos a los que realmente están sanos, como quiera que hayamos conseguido un buen grupo de sanos entonces esta tarea también es factible de completar.

En cambio, cuando hablamos de valor predictivo positivo, este está anormalmente aumentado porque está influenciado por la prevalencia de la enfermedad. Recuerda que el valor predictivo positivo es la probabilidad de padecer la enfermedad. Si se obtiene un resultado positivo en el test, entonces, mientras más alta sea la prevalencia de la enfermedad es más probable que el resultado del test sea positivo.

Es lógico, si tú vives en una zona endémica de una determinada enfermedad, la probabilidad de que al aplicarte el test resulte positivo está aumentada; y si vives en una zona donde esta enfermedad no tiene una alta prevalencia, es muy rara la probabilidad de que el test te salga positivo. Al haber escogido 100 enfermos y 100 sanos, y al haber elevado la prevalencia de la enfermedad de manera artificial, entonces, también estará elevado de manera artificial el valor predictivo positivo, y su contraparte será que el valor predictivo negativo esté anormalmente disminuido. Así que para conocer el verdadero valor predictivo positivo tenemos que recordar de dónde obtenemos este valor.

El valor predictivo positivo es un cociente, en el numerador están los verdaderos positivos y en el denominador están todos los positivos, que los podríamos separar en verdaderos positivos y en falsos positivos. De estas dos variables a la primera, a los verdaderos positivos, lo descomponemos en términos de sensibilidad y de prevalencia; mientras que a los falsos positivos, lo descomponemos en términos de uno menos la especificidad y uno menos la prevalencia.

Ya que la sensibilidad y la especificidad son propiedades intrínsecas de la prueba, solo nos faltaría conocer el valor de la prevalencia. Esto lo tendremos que calcular en un estudio de prevalencia, no en el estudio de las pruebas diagnósticas. De esta forma podemos conocer el verdadero valor predictivo positivo y tendrá que ser calculado para cada población.

Recuerda: el valor predictivo positivo siempre se ve afectado por el valor de la prevalencia, por lo tanto, esta condición cambia de población en población.

Presentación N° 7

Razones de verosimilitud

Existen dos conceptos importantes además de la sensibilidad, la especificidad y los valores predictivos cuando hablamos de validación de pruebas diagnósticas, y estos conceptos están relacionados con las razones.

Antes de pasar explicar lo que significa la verosimilitud positiva y la verosimilitud negativa hay que diferenciar perfectamente lo que es una proporción de lo que es una razón, porque los conceptos de sensibilidad, especificidad, valor predictivo positivo y valor predictivo negativo son proporciones, y de lo que ahora vamos a hablar es de razones.

Una proporción es una parte, un fragmento, un segmento; por ejemplo, la sensibilidad es la capacidad de una prueba diagnóstica de detectar la enfermedad en los que realmente están enfermos. Entonces, el total son todos los enfermos que vamos a suponer que son 100, y si el test que aplicamos sobre este grupo de personas enfermas detecta 98 como positivas, la sensibilidad viene a ser el 98 de 100 o 98%. A esto se le denomina proporción y siempre está en los rangos de 0 a 1, en porcentaje sería de 0 a 100%.

Una prueba que tiene una sensibilidad de 100% detecta como positivos a todos los enfermos y una prueba que no tiene ningún grado de sensibilidad no detecta como positivo a ninguno.

Lo mismo ocurrirá para la especificidad, su valor también varía entre cero y uno, en porcentaje de 0 a 100%, porque la especificidad es una proporción, es una fracción. ¿De los que están sanos cuantos resultan negativos? Eso es la especificidad, por lo tanto, nunca podría ser mayor al 100%, nunca podría ser mayor a la unidad, lo mismo ocurre con los valores predictivos tanto positivo como negativo.

Si a un grupo de personas le tomamos un test y resultan positivos, hay una alta probabilidad de encontrar verdaderos positivos o enfermos en este grupo, pero nunca será mayor al número de evaluados. Si en total hemos tomado el test a 50 personas y 40 de ellas han resultado positivas pues será 40 de 50, es decir, 80%; nunca será mayor al 100%.

Todos los positivos tenían la enfermedad y el valor predictivo positivo sería del 100%, o si de todos los que pudimos detectar con el test como positivos, que eran 50, ninguno tenía la enfermedad, entonces, el valor predictivo positivo es de 0%.

Esto es una proporción y con el valor predictivo negativo ocurre exactamente lo mismo, es la probabilidad de que un sujeto, una persona, un evaluado, resulte negativo en la prueba y realmente esté sano. Así que estos valores siempre están entre cero y uno y en porcentajes esto es 0 al 100%. En cambio, cuando hablamos de las razones estamos hablamos de cocientes entre dos números que pueden superar la unidad.

Así que vamos con la razón de verosimilitud positiva. La razón, como su nombre lo indica, es la relación o el cociente entre dos valores. En el numerador tenemos a la sensibilidad, los verdaderos positivos entre el total de enfermos, y en el denominador tenemos a los falsos positivos entre total de sanos, dicho de otro modo, a uno menos la especificidad entre el total de sanos.

Entonces, si recordamos nuestra tabla de contingencia de 2x2, nuestra tabla de doble entrada que tenía dos columnas y dos filas, nos enfocamos únicamente en las casillas superiores y vamos a analizar solamente las columnas; ¿por qué no analizamos las filas? porque las filas o los datos numéricos que encontramos en ellas se ven afectados por la prevalencia de la enfermedad.

Recuerda que tanto el valor predictivo positivo como el valor predictivo negativo se calculan en las filas y estos son afectados por la prevalencia de la enfermedad. Por ahora no nos vamos a meter con las filas sino que vamos a trabajar únicamente en las columnas. Esa es la razón por la cual existen estos conceptos denominados razones de verosimilitud.

Enfoquémonos ahora en la primera columna en el grupo de los enfermos, hacemos un cociente, un cálculo: los verdaderos positivos que están en la primera casilla entre el total de los enfermos. A esto se le denomina sensibilidad. Vamos a suponer que la sensibilidad de una prueba diagnóstica es del 80%, es decir, que de 100 personas enfermas el test o la prueba es capaz de detectar a 80 de ellas como positivos; esto es 80%, sensibilidad 80%.

Ahora nos trasladamos a la columna de la derecha donde están los sanos y también vamos a hacer un cociente. Vamos a utilizar la casilla número dos o la casilla denominada con la letra B y la vamos a dividir entre el total de los sanos, esto es complementario al concepto de especificidad, porque si recuerdas: la especificidad se calcula con la casilla 4, asignada también por la letra D.

Si suponemos que es una buena prueba y la especificidad de esta prueba es del 80%, entonces, uno menos la especificidad vendría a ser el 20%; es decir, los falsos positivos entre el total de los sanos vendría a ser 20%, el cociente que resulta de dividir la casilla número 2 entre el total de la segunda columna es del 20%, es el complemento de la especificidad. Dijimos que el 80% de los sanos eran catalogados como negativos; entonces, para hallar el valor de la razón de verosimilitud positiva utilizamos la casilla 1 y 2, asignadas también con las letras A y B.

Si en la primera casilla el valor de la sensibilidad calculado es del 80%, y uno menos la especificidad es 20%, entonces, hacemos la razón, por eso se llama razón de verosimilitud: 80% entre 20%, esto es igual a 4, es exactamente el valor de 4. ¿Qué significa esto? Que cuando una persona es calificada como positiva, la probabilidad de que el test resulte positivo en los enfermos es cuatro veces mayor a la probabilidad de que una persona sea calificada como positiva cuando está sana.

Como te habrás podido dar cuenta, el valor de la razón de verosimilitud positiva siempre va a ser mayor a la unidad, porque la sensibilidad lógicamente tendrá que ser mayor al 50% para considerarla una prueba a tener en cuenta; y si la especificidad es mayor al 50%, también uno menos la especificidad siempre será menor al 50%. Así, un cociente que en el numerador tiene un valor mayor al 50% y en el denominador tiene un valor menor al 50%, lógicamente tendrá un valor superior a la unidad.

Entonces, la razón de verosimilitud positiva siempre es mayor a la unidad, y el valor de 4 es un valor interesante, podría ser más alto, podría ser: 5, 7, 10 o el valor que calculemos. Mientras más alto sea el valor de la razón de verosimilitud positiva mejor utilidad tendrá esta prueba diagnóstica.

La ventaja de utilizar la razón de verosimilitud positiva es que está calculada en función a la sensibilidad y a la especificidad; no se ve afectado por el valor de la prevalencia y en un solo concepto podemos comparar dos métodos diagnósticos. Es decir, si tenemos dos pruebas diagnósticas para la misma enfermedad, ¿cómo saber cuál de ellas es mejor?

El valor de la sensibilidad o el de la especificidad por si solo no son suficientes. Por eso utilizamos el cociente denominado razón de verosimilitud positiva; mientras más alto sea este valor mejor o más útil será esta prueba diagnóstica.

El concepto de razón de verosimilitud negativa es análogo, pero esta vez nos enfocamos en las casillas 3 y 4, ya no en las casillas 1 y 2, sino las de abajo, en las de la parte inferior, denominadas o asignadas con las letras C y D. El primer dato: en el numerador colocamos el valor de la casilla C entre el total de los sanos, esto corresponde a uno menos la sensibilidad; y en el denominador colocamos a la casilla 4 entre el total de los sanos, esto es la especificidad.

Por lo tanto, la razón de verosimilitud negativa es uno menos la sensibilidad sobre la especificidad. Como podrás deducir este valor siempre estará por debajo de la unidad, porque uno menos la sensibilidad se espera que esté por debajo del 50%, esto corresponde al numerador, y la especificidad se espera que esté por encima del 50%, esto corresponde al denominador. Si el numerador es menor al denominador la razón siempre nos dará un valor menor a la unidad.

La razón de verosimilitud negativa siempre es menor a la unidad. El límite vendría a ser cero, no asume valores negativos porque mientras más pequeño sea es mejor, y esto también podría ser útil para comparar dos métodos diagnósticos.

Presentación N° 8

Riesgo Relativo y Odds Ratio

Cuando hablamos de las propiedades de las pruebas diagnósticas las podemos dividir en dos grandes grupos: las proporciones y las razones.

En el grupo de las proporciones se encuentra la sensibilidad, especificidad, valor predictivo positivo y valor predictivo negativo; mientras que en las razones se encuentra la razón de verosimilitud positiva, razón de verosimilitud negativa, el riesgo relativo y el Odds Ratio. Antes de pasar a explicar qué relación existe entre el riesgo relativo y el Odds Ratio con la validación de pruebas diagnósticas, debemos conocer un concepto importante que se denomina probabilidad posprueba.

Seguramente te estarás preguntando que si existe el concepto de probabilidad posprueba también debería existir el concepto de probabilidad prepueba, y esto es así. Cuando pusimos el ejemplo de la enfermedad de la diabetes dijimos que la prevalencia de la diabetes era del 10% en mi población; por lo tanto, si yo me hago un examen para diagnosticar la diabetes la probabilidad de que resulte positivo es del 10%, porque esa es la prevalencia de la diabetes en mi población.

A esto se le denomina probabilidad preprueba y es igual a la prevalencia de la enfermedad; pero ya que me hago un test vamos a suponer que el resultado, el valor de la glucosa en ayunas, está por encima de los 110 mg/dl.

Tengo un resultado positivo en la prueba, entonces, la probabilidad de tener la enfermedad de la diabetes es muchísimo más alta, necesariamente mayor al 10%, y esto dependerá del valor predictivo positivo. A eso lo denominamos probabilidad posprueba.

El riesgo relativo relaciona la probabilidad posprueba en los que resultan positivos respecto de la probabilidad posprueba en los que resultan negativos.

Es decir, cuando decimos que la obesidad es un factor de riesgo para la diabetes previamente tendríamos que haber hecho el diagnóstico de obesidad para decir, finalmente, que una persona con obesidad tiene una probabilidad incrementada de enfermar de diabetes.

Entonces, al diagnóstico de obesidad lo vamos a considerar como una prueba diagnóstica para la enfermedad de la diabetes. Ciertamente no es una prueba diagnóstica, porque no todas las personas con obesidad tienen diabetes; no hay esa relación directa y causal.

Sin embargo, sabemos que quienes tienen obesidad tienen alta probabilidad de enfermar de diabetes o de tener ya desarrollada la enfermedad, respecto de la población general.

De tal modo que si la prevalencia de la enfermedad de diabetes es del 10%, una persona obesa de esa misma población tiene una probabilidad de tener la diabetes necesariamente más alta del 10%, puede ser cuatro veces mayor, cinco veces mayor y esto lo podemos calcular mediante en riesgo relativo.

Cuando hablamos del riesgo relativo nos referimos a la probabilidad de tener la enfermedad, dado que para una condición previa ya resultó positivo y para nuestro ejemplo vamos a utilizar precisamente la obesidad.

Tenemos a un conjunto de personas. Vamos a suponer una muestra representativa con un tamaño calculado mediante un algoritmo y una selección aleatoria; hacemos el diagnóstico de obesidad en esta población: algunos serán obesos y otros no lo serán. Enseguida en los dos grupos tanto en obesos como en no obesos vamos a hacer el diagnóstico de la enfermedad de la diabetes.

Entonces, algunos serán diabéticos y otros no. Vamos a colocar en columnas a los diabéticos porque estamos haciendo la evaluación del diagnóstico de la diabetes; y a los obesos los vamos a colocar en filas, como si el diagnóstico de la obesidad fuera la prueba para detectar la enfermedad de la diabetes.

Consideremos para nuestro ejemplo a la obesidad como una prueba diagnóstica; sabemos que no lo es, sin embargo, una persona con obesidad incrementa su probabilidad de tener diabetes. La probabilidad de tener diabetes en obesos es necesariamente mayor a la probabilidad de tener diabetes en los que no son obesos.

Lógicamente que quienes nos son obesos también pueden tener diabetes, pero esta probabilidad es muchísimo menor que la encontrada en los diabéticos.

Vamos a suponer que de 100 personas obesas, 40 tienen diabetes; por lo tanto, el 40% de los obesos tiene diabetes. En el grupo de las personas no obesas, que son 100 también, 5 tienen diabetes, esto quiere decir 5%.

La prevalencia de diabetes en los no obesos es del 5%; mientras que la prevalencia de diabetes en los obesos es de 40%. Entonces, si hacemos una razón, una relación, entre la probabilidad de tener diabetes en los obesos respecto de la probabilidad de tener diabetes en los no obesos tendríamos que dividir el 40% entre el 5% y el resultado será 8.

Este valor no tiene unidades, es adimensional, no es un porcentaje, es una razón, significa que la probabilidad de enfermar de diabetes en los obesos es ocho veces mayor a la probabilidad de enfermar de diabetes en los no obesos; y si lo queremos traducir en términos de pruebas diagnósticas diríamos que la probabilidad de tener diabetes en los obesos es ocho veces mayor a la probabilidad de tener diabetes en los no obesos; y si hacemos una traducción un poco mayor, un poco más forzada, diríamos que la probabilidad de tener diabetes en los que resultaron positivos al test es ocho veces mayor a la probabilidad de tener diabetes en los que resultaron negativos.

Si te fijas, el resultado de una prueba diagnóstica también puede servir para designar a un grupo como un grupo de riesgo y, por lo tanto, a partir de esta determinación, de este calificativo de la prueba diagnóstica, podemos hacer un cálculo del riesgo relativo.

El riesgo relativo, tal como ocurre con la razón de verosimilitud positiva, varía desde cero pasando por el uno hacia el infinito, aunque realmente nunca esperamos encontrar valores tan altos, pero fácilmente podemos encontrar valores de 5, 10, 20.

Cuando el valor del riesgo relativo está por encima de la unidad significa que la probabilidad de tener la enfermedad, teniendo ya un resultado positivo en la prueba diagnóstica, es mayor que cuando el resultado de la prueba diagnóstica es negativo. Esto es lógico y mientras más alto sea este valor, la prueba diagnóstica me indicará mayor probabilidad de estar enfermo.

El concepto de riesgo relativo se puede aplicar tanto a condiciones que no representan en sí mismo un diagnóstico, como puede ser el edema, la cefalea o la fiebre; como también a resultados de procedimientos diagnósticos como en el ejemplo que pusimos a la obesidad como factor de riesgo para la diabetes, porque para llegar a la conclusión de que una persona tiene obesidad tiene que haberse hecho previamente un diagnóstico de obesidad y resultar positivo para esta condición que, además, es objetiva, incrementa la probabilidad de resultar positivo para la enfermedad y como ocurre con el valor predictivo positivo, el riesgo relativo puede resultar alterado cuando el estudio que hemos realizado no está sobre una muestra completamente aleatorizada.

Recuerda que a veces tenemos que utilizar 100 enfermos y 100 sanos como ocurre en el diseño de los casos y controles, en el que el grupo de sanos es del mismo tamaño que el grupo de los controles y en ese caso utilizamos su equivalente en el denominado Odds Ratio.

El Odds Ratio es una aproximación al riesgo relativo; de hecho, el cálculo del valor de la Odds Ratio suele ser muy similar al riesgo relativo; y la interpretación que le damos a ambos es exactamente igual, ya sea en el campo de la epidemiología como en la validación de pruebas diagnósticas.

La intención de calcular el Odds Ratio es asemejarse al valor del riesgo relativo; por esta razón, no tiene una interpretación independiente o propia. La ventaja es que se puede calcular sobre la base de los datos de un estudio retrospectivo y transversal, clásicas características de un diseño de casos y controles.

Presentación N° 9

Utilidad y rendimiento diagnóstico

Toda prueba diagnóstica tiene por finalidad discriminar a los enfermos de los sanos. Si esto lo llevamos al campo de las ciencias de la educación, al de la administración o a cualquier otro campo del conocimiento, podemos hacer la analogía entre aprobado y desaprobado, satisfecho e insatisfecho; pero para efectos de esta presentación vamos a utilizar los conceptos de enfermo y sano.

De tal modo que aquellos que sean calificados como positivos, pero en realidad estén sanos se considera un error, en probabilidad lo denominamos error tipo I. Mientras que aquellos que sean calificados como negativos, pero en realidad estén enfermos, también son considerados como un error y se les denomina error tipo II.

La finalidad de la validación de prueba diagnóstica es reducir al máximo tanto el error tipo I como el error tipo II. En epidemiología, estos conceptos se traducen en términos de sensibilidad y especificidad, porque si recordamos nuestra tabla de contingencia de 2x2, que tiene dos columnas y dos filas; en las columnas a la izquierda tenemos a los enfermos y a la derecha a los sanos; en las filas en la parte superior tenemos a los positivos y en la fila inferior a los negativos. Entonces, enfocamos nuestra mirada a las casillas 1 y 4; en la casilla 1 se encuentran los verdaderos positivos; y en la casilla 4, los verdaderos negativos.

En una situación ideal y también utópica esperaríamos que todos los casos se encuentren en las casillas 1 y 4, porque las casillas 2 y 3 corresponden a los errores anteriormente mencionados. Así que lo ideal sería que estas últimas tengan la menor cantidad de casos posibles y que todos los casos en lo posible debieran estar concentrados en las casillas 1 y 4.

La casilla 1 sirve para el cálculo de la sensibilidad y también para el valor predictivo positivo, pero como dijimos este último es afectado por la prevalencia de la enfermedad; así que el mejor valor con el que podemos quedarnos en este caso es el de la sensibilidad.

Por otro lado, la casilla 4 sirve para calcular la especificidad y también el valor predictivo negativo; pero, como de manera similar al caso anterior, el valor predictivo negativo también es afectado por la prevalencia de la enfermedad; así que quedarnos con la especificidad es la mejor idea.

Por lo tanto, algunos autores han definido la razón de verosimilitud positiva como una relación, una razón entre la sensibilidad y uno menos la especificidad, que al fin y al cabo es una expresión complementaria de la especificidad. Esto también es una forma de evaluar la utilidad de un procedimiento diagnóstico; por eso dijimos que para saber si entre dos pruebas diagnósticas una de ellas es mejor que la otra, podemos utilizar este cociente.

Sin embargo, la razón de verosimilitud positiva implica que ya hemos determinado el umbral mediante el cual calificamos a los pacientes entre positivos y negativos. Es posible que podamos modificar este umbral, este punto de corte sobre el cual decidimos si un resultado es positivo o negativo.

Para ampliar el ejemplo vamos a recordar el diagnóstico de cáncer de próstata, recuerda que para el cáncer de próstata se utiliza la medida del antígeno prostático específico; esta es una sustancia proteica sintetizada específicamente por las células de la próstata, por eso, se le llama específico, no se produce en otro lado.

De tal manera que mientras más grande sea la próstata, mayores valores de antígeno prostático específico existirán en sangre. Los investigadores han planteado un punto de corte equivalente a 4 ng/ml; ellos dicen que cuando el valor del antígeno prostático específico es menor a 4, se considera normal, es decir, negativo; pero cuando está por encima de este umbral, ya no es normal y se considera como positivo.

No obstante, existen otras escuelas que no están de acuerdo con este punto de corte y prefieren utilizar el valor de 10 ng/ml. Esto es un valor muchísimo más alto al anteriormente mencionado, pero ¿qué diferencia hay entre un punto de corte y otro?

Después de todo el antígeno prostático específico se secreta a nivel prostático de una manera específica, así que es un buen medio para hacer un screening, un tamizaje, un despistaje o un cribaje de cáncer de próstata. La diferencia es que si el valor normal está por debajo de 4 ng/ml, es muy fácil que un varón mayor de 40 años sobrepase esta cantidad; aun cuando no tenga cáncer de próstata.

Es decir, que la medida con este punto de corte, 4 ng/ml, es muy sensible porque permite detectar incluso los casos incipientes de cáncer de próstata; pero no es nada específico porque muchos de aquellos que son considerados como positivos por tener un valor superior a los 4 ng/ml, en realidad, no tienen cáncer de próstata.

Por esta razón, otros investigadores de la especialidad han movido este umbral más arriba, 10 ng/ml, con el fin de mejorar la especificidad de la prueba diagnóstica en detrimento de la sensibilidad, porque con un umbral más alto se están dejando de lado a muchos pacientes que podrían tener cáncer de próstata, pero cuyo valor de antígeno prostático específico no supera los 10 ng/ml.

Esto lo hacen con la finalidad de lograr una mayor especificidad, porque muchas personas varones mayores de 40 años que tienen un antígeno prostático específico entre 4 y 10 ng/ml, en realidad, no tienen cáncer de próstata y consideran que no deberían hacerse estos procedimientos cruentos, biopsias con aguja para realizar el examen de anatomía patológica.

Nos encontramos en una disyuntiva: si dejamos el punto de corte en 4 ng/ml existirán muchos pacientes calificados como positivos, cuando en realidad no tienen cáncer de próstata; dijimos que en probabilidad corresponde al error tipo I. Pero, por otro lado, si subimos el umbral hasta 10 ng/ml, muchos pacientes considerados como negativos para esta prueba podrían tener cáncer de próstata, esto corresponde al error tipo II en probabilidad. Lo que no podemos hacer es dejar a los pacientes sin tratamiento, así que ¿cuál será el punto de corte ideal?

Si definimos diferentes puntos de corte, no necesariamente 4 y 10; es decir, podríamos plantear 4, 5, 6, 7, 8, 9 y 10, e incluso puntos de corte por encima de 10, además puntos de corte por debajo de 4.

Y a partir de cada uno de estos puntos de corte, realizar nuestra tabla de contingencia de 2x2, calcular la sensibilidad y la especificidad y en cada caso podríamos establecer la relación entre estos teniendo en cuenta que estos valores no son afectados por la prevalencia de la enfermedad; por eso, los hemos seleccionado, y a partir de estos dos valores construir con los pares ordenados que estos representan una gráfica, que se le denomina curva de rendimiento diagnóstico o curva ROC.

Pero hay una pequeña modificación: no se utiliza la especificidad, sino uno menos la especificidad, tal como ocurre en la razón de verosimilitud positiva.

Sin embargo, la diferencia entre la razón de verosimilitud positiva y el rendimiento diagnóstico evaluado mediante una curva ROC es que el cálculo de la razón de verosimilitud positiva es puntual a partir de un punto de corte de un umbral establecido previamente, mientras que la curva de rendimiento diagnóstico pretende determinar un nuevo umbral, un nuevo punto de corte, para mejorar los niveles de sensibilidad y especificidad a través de una curva.

Esta curva construida por los pares ordenados de la sensibilidad y uno menos la especificidad determinan un área dentro del plano cartesiano por debajo de la curva; mientras mayor sea el área, más útil será la prueba diagnóstica para el punto de corte que nos ofrezca los mayores valores de sensibilidad y especificidad.

De tal modo que esta curva ROC tiene múltiples utilidades: una de ellas es calcular el umbral o el punto de corte óptimo y la otra es comparar a dos procedimientos diagnósticos, incluso si utilizan las mismas variables que corresponden a algoritmos distintos.

Presentación N° 10

Validez de un método diagnóstico

¿Cuándo podemos decir que el método diagnóstico que estamos evaluando es aceptable en función de los parámetros estudiados hasta ahora como la sensibilidad y la especificidad?

Por supuesto, siempre esperamos que estos valores sean los más altos, pero difícilmente vamos a alcanzar valores de sensibilidad por encima del 80% sin sacrificar tanto la especificidad. Y viceversa, la especificidad difícilmente alcanzará un valor por encima del 80% sin sacrificar la sensibilidad.

Entonces, en algunos casos tendremos que hacer eso: sacrificar a una de ellas con la finalidad de incrementar la sensibilidad a expensas de la especificidad y en otros casos nos interesará más la especificidad y tal vez debamos sacrificar un poco a la sensibilidad.

De tal modo que no hay un parámetro definido para decidir si una prueba es aceptable en función a estos parámetros de sensibilidad y especificidad.

Dependerá de cada caso, de la enfermedad, del contexto y de la realidad; por ejemplo, si lo que nos interesa es detectar el mayor número posible de casos de enfermos, entonces, tenemos que utilizar un test con alta sensibilidad, y así vamos a detectar a la mayoría de enfermos, luego los vamos a llevar ya sea a un diagnóstico complementario o los sometemos a un determinado tratamiento.

Si incrementamos la sensibilidad en detrimento de la especificidad, vamos a tener muchos falsos positivos: mucha gente va salir calificada como positivo cuando en realidad no tiene la enfermedad.

Pero no importa porque podemos utilizar un examen complementario para cerciorarnos de que realmente el paciente tiene la enfermedad; podemos realizar un diagnóstico en serie; podemos adicionar un procedimiento diagnóstico; y aquí entra perfectamente el ejemplo de la glucosa en ayunas.

¿A quién no le han tomado un examen de estos ya sea por rutina o control o porque se van a someter a una cirugía ya sea mayor o menor o la razón que fuere? Nos tomamos pruebas de glucosa en ayunas constantemente y esta tiene una alta sensibilidad para detectar, sobre todo, tempranamente la enfermedad de la diabetes; pero fíjate en las características que tiene esta enfermedad: no es grave e invalidante, por lo menos no si es detectada en estadios tempranos, es decir, que si a alguien tiene una glucosa por encima de 110 en ayunas y, además, una curva de tolerancia a la glucosa alterada, no presenta ninguna complicación crónica de la diabetes, como retinopatía, pie diabético, neuropatía, nefropatía ni nada de esas cosas; en realidad, la situación no es tan preocupante.

Además nadie va a sufrir un shock o infarto porque le den la noticia de que tiene la enfermedad de la diabetes. Si no hay complicaciones, realmente no es una situación grave pero, por otro lado, no podemos dejar pasar por desapercibido un valor de glucosa en ayunas alto.

La enfermedad de la diabetes es tratable y cuando estemos frente a una enfermedad con estas características lo que buscamos es un test con la mayor sensibilidad posible porque estamos tratando de identificar en la población a la mayor cantidad de casos reales posibles.

Por supuesto, el precio que tendremos que pagar es que también habrá una gran cantidad de falsos positivos; pero si uno de estos días me tomo un examen de glucosa y me resulta, por ejemplo, por encima de 110 en ayunas y luego de algunos exámenes complementarios descubro que no tengo diabetes, no es algo que me vaya a afligir realmente, porque esto es fácil de corroborar.

Ahora vámonos al otro lado, ¿en qué casos deberíamos exigir que nuestro procedimiento diagnostico tenga un alto valor de especificidad? Esto será deseable cuando nos encontremos frente a una enfermedad incurable o difícil de curar, por ejemplo, tenemos a la enfermedad del VIH sida: no es una enfermedad que se cure con un tratamiento de tres tomas por día durante la semana.

En este caso, necesitamos estar seguros de que la persona no tiene la enfermedad y aquí se nos viene el ejemplo de la prueba de western blot, cuya especificidad es muy alta; de hecho, de todas las pruebas diagnósticas que existen en el campo de la salud, es una de las que exhiben la especificidad más alta y que siempre se utiliza como ejemplo para estos casos.

Si nos encontramos en un caso extremo, frente a una enfermedad que no tiene cura, y sospechamos que una persona tiene esa enfermedad, lo mejor es aplicar un test con alta especificidad, cuya probabilidad que descartar la enfermedad sea lo más alta posible; porque si aplicamos un test con alta sensibilidad, en todos los casos le va resultar positivo y no podemos hacerle pensar a una persona que tiene una enfermedad sin tratamiento; lo que queremos hacer es descartar esa enfermedad, de la cual tenemos sospecha.

En otros casos, también debemos exigir un valor alto de especificidad: cuando un resultado falsamente positivo puede suponer un trauma psicológico para el individuo examinado. Por ejemplo, si aplicamos un test para diagnosticar VIH sida y el resultado es positivo, cuando la persona en realidad no tiene la enfermedad; esto va a traer consecuencias sociales, psicológicas y de toda índole.

Imagínate que un día te haces un test para descartar VIH sida y te resulta positivo, cuando en realidad no tienes la enfermedad, esto realmente te va a provocar un shock psicológico y si las personas a tu alrededor se enteran de que un test para diagnosticar VIH sida salió positivo para tu caso, la condición social en la que vives se va a ver alterada. Luego ¿cómo vas a poder argumentar, sostener o demostrar que realmente no tienes la enfermedad?

En este caso se necesita un test de alta especificidad; de hecho, es la forma de hacer el diagnóstico de estas enfermedades que tienen impacto psicológico sobre el individuo y que pueden tener también un impacto sobre el entorno social. Es mejor utilizar una prueba con alto valor de especificidad como el western blot para el diagnóstico de VIH sida.

Por otro lado, tenemos a las enfermedades que tienen tratamientos con consecuencias graves. Imagínate que no tienes cáncer, pero como el test no es muy específico tu resultado es positivo; luego te tienen que aplicar un tratamiento para el cáncer y se te cae el pelo, se te caen las uñas y te vuelves hasta estéril.

Todas estas consecuencias son por el tratamiento quimioterápico o la radioterapia que te están aplicando, cuando en realidad no tienes la enfermedad, eres un falso positivo, el resultado de la prueba te resultó positivo pero no tienes la enfermedad.

Lógicamente, no podemos someter a una persona a estos riesgos innecesarios. Lo que necesitamos es aplicar un test que tenga alto valor de especificidad, cuya probabilidad de descartar la enfermedad en quienes realmente están sanos sea lo más alta posible. Fíjate que en estos casos, la sensibilidad no es tan interesante o no es tan útil como en los otros casos donde necesitábamos una prueba con la mayor sensibilidad posible para detectar los casos en mayor cantidad.

Finalmente, debemos recordar a las pruebas de tamizaje y al diagnóstico definitivo. Si bien se le conoce con este nombre —gold standard, estándar de oro, diagnóstico de referencia—, no existe realmente una prueba 100% fiable. Así que el concepto de diagnóstico de referencia o diagnóstico definitivo es también subjetivo.

Todas las pruebas están sometidas a la evaluación; las pruebas de screening o de tamizaje suelen tener mayores valores de sensibilidad. Dicho de otro modo, esperamos obtener mayor sensibilidad en las pruebas de screening o de tamizaje, y mayores valores de especificidad en las pruebas llamadas diagnóstico definitivo, gold standard, estándar de oro.

Aquí, por supuesto, encajan perfectamente las dos pruebas que utilizamos para hacer el diagnóstico en serie de la enfermedad de VIH sida: el test de Elisa, que tiene una alta sensibilidad para de detectar la enfermedad, y el western blot, que tiene una alta especificidad para descartar los casos en que las personas están sanas. Pero se aplica uno después del otro, porque se trata de un diagnóstico en serie.

ACERCA DEL AUTOR

El Dr. José Supo es Médico Bioestadistico, Doctor en Salud Pública, director de www.bioestadístico.com y autor del libro "Seminarios de Investigación Científica".

Programas de entrenamiento desarrollados por el autor:

1. Análisis de Datos Aplicado a la Investigación Científica

2. Seminarios de Investigación para la Producción Científica

3. Validación de Instrumentos de Medición Documentales

4. Técnicas de Muestreo Estadístico en Investigación

5. Taller de tesis: Desarrollo del Proyecto e Informe Final

6. Análisis Multivariado - Diseños Experimentales

7. Análisis de Datos Categóricos y Regresiones Logísticas

8. Técnicas de análisis Predictivos y Modelos de Regresión

9. Control de Calidad: Análisis del Proceso, Resultado e Impacto

10. Minería de Datos para la Investigación Científica.

11. Entrenamiento para Tutores, Jurados y Asesores de tesis

12. Herramientas para la Redacción y Publicación Científica

MÁS SOBRE EL AUTOR

El Dr. José Supo es conferencista en métodos de investigación científica, entrenador en análisis de datos aplicado a la investigación científica y desarrolla talleres sobre los siguientes temas:

Libros y audiolibros publicados por el autor:

1. Cómo empezar una tesis

2. Cómo ser un tutor de tesis

3. Cómo asesorar una tesis

4. Cómo evaluar una tesis

5. El propósito de la investigación

6. Las variables analíticas

7. Cómo elegir una muestra

8. Cómo validar un instrumento

9. Cómo probar una hipótesis

10. Cómo se elige una prueba estadística

11. Validación de pruebas diagnósticas

12. Técnicas de recolección de datos

¿Quieres saber más?

www.bioestadistico.com

www.ingramcontent.com/pod-product-compliance
Lightning Source LLC
Chambersburg PA
CBHW02070818052б
45163CB00008B/2989